爱上数学 13

·四边形·

一张明信片

〔韩〕金京兰 / 著　〔韩〕文智婀 / 绘　刘娟 / 译

云南出版集团 晨光出版社

国旗里有各种各样的形状。

圆形、三角形、四边形……四边形最多。

前段时间，小俊和爸爸去参加冬令营。
参加这次冬令营的同学来自世界各地。
营地的大楼前插着各个国家的国旗。

虽然都是四边形，
但不同的四边形
应该有不同的名字。

但是，这些
四边形多多少少
都有一些差别。

今天是小俊和爸爸一起去冬令营的日子。

小俊的爸爸是一名英语老师，每年寒假都会在冬令营工作。参加冬令营的小朋友来自世界各地。这次，爸爸决定带着小俊一起去。

"爸爸，快点儿！快点儿！我们要来不及啦！"一大早，小俊就兴奋地催促爸爸。

"没问题，咱们这就出发。"爸爸一边把行李装上车一边说道。

　　"小俊，举办这次冬令营的目的是让各国的小朋友一起
交流，了解不同地区的文化，你要好好表现啊。"爸爸一边
启动汽车，一边对小俊说。

　　小俊自信满满地回答："知道啦！我一定会和
小朋友们好好相处的。"

　　想到马上就能认识许多其他国家的小朋友，
小俊非常激动，他暗暗想："不知道他们都长
什么样儿呢？"

很快，小俊和爸爸就顺利到达了营地。

"爸爸现在要去工作了，咱们晚饭时间见吧！"

和爸爸分开后，小俊走进礼堂，那里聚集了很多小朋友。

有和小俊一样的黄色脸庞和黑头发，还有黑色脸庞和卷头发的、白色脸庞和黄头发的……

"大家注意，请前来参加冬令营的同学们上台领取自己的名牌。"

听到主办方的广播后，同学们陆续来到了台上，领取名牌。

四边形的名牌上，写着小朋友们的名字和所属学习小组的名称。

"原来我是彩虹学习小组的成员呀。"小俊把名牌挂在了脖子上。

突然，一个小朋友慌慌张张地跑过来，猛地一下撞上了小俊的肩膀，把他撞倒了。

"哎呀！"小俊大叫了一声。

但那个长着蓝色眼睛的小朋友回头看了一眼，就逃也似地跑开了。

"撞到了人，就该道歉啊……"小俊不高兴地嘟囔着，拍拍屁股站了起来。

小俊找到了彩虹学习小组，他一眼就看到刚才和自己相撞的蓝眼睛小朋友也在这个组，他的名牌上写着"杰克"。

"真倒霉，竟然和他在同一个组……"

小俊的心情瞬间变得非常糟糕。

杰克完全没有察觉到小俊的不开心，

仍在和其他小伙伴兴高采烈地聊天。

不一会儿，每个学习小组都来了一名指导老师。

"大家好，我是彩虹学习小组的负责老师，我叫崔大成。"

小俊悄悄地环顾了一下四周，原来爸爸负责带领星空学习小组的小朋友们。

这时，崔老师让大家画出各自国家的国旗，再做一下自我介绍。

最先进行自我介绍的小朋友是来自瑞士的安娜。

大家好，我来自瑞士，
瑞士的国旗是红色的正方形*，
正中间有一个白色的十字。

* 正方形：4条边的长度相等，
  且4个角都是直角的四边形。

接下来，轮到肤色有点儿
深的莱萨做自我介绍了。

大家好！我的名字叫莱萨，
我妈妈是菲律宾人，我爸爸是韩国人。
菲律宾国旗是由
两个梯形*和一个三角形组成的，
三角形里还有金黄色的太阳和星星。

* 梯形：只有一组对边平行的四边形。

下一个是来自巴西的拉斐尔。

我来自巴西，
巴西国旗是一个绿色的长方形*，
内部有黄色的菱形**和蓝色的圆形。

———————
* 长方形：4 个角都是直角的平行四边形。
** 菱形：4 条边的长度全都相等的四边形。

我是来自加拿大的杰克，
加拿大国旗的两侧各有一个长方形，
中间是一个正方形，
正方形上有一片红色的枫叶。

轮到蓝眼睛的杰克了。

每个国家的国旗
都很不一样呀。

最后，轮到小俊了。

大家好，我的名字是金小俊，
我来自韩国。
韩国的国旗中央是一个圆形的太极花纹，
四周还有很多长方形。

做完自我介绍，小俊就和莱萨说起了悄悄话：
"韩国的国旗比加拿大的国旗好看多了吧，嘿嘿。"
一旁的杰克听到了，有点儿不高兴。

自我介绍环节结束后，老师给小朋友们拿来了零食。

"来，各位小朋友，尝尝韩国的传统食物——发糕吧。"

小俊挑衅地看着杰克，说："发糕可比那些齁甜齁甜的蛋糕好吃多了！"

在小俊的强烈推荐下，小朋友们都迫不及待地吃起了发糕。

杰克也大口大口、津津有味地吃完了一整块。

"你们看，每一块发糕都是四边形的呢！"莱萨像发现新大陆一般，兴奋地说道。

第二天早上吃完早饭，彩虹学习小组的成员们再次坐在了一起。

"现在正是放风筝的好季节，今天我们来制作风筝吧。"老师一边说着，一边把制作材料发给大家。

"没问题，我要做一个长方形的风筝。"小俊选了一张长方形的风筝纸，大声说道。

小俊之前做过风筝，这次他很快地做完了自己的风筝。

老师见状对小俊说："小俊啊，既然你做完了，不如去帮帮杰克吧？"

"为什么偏偏让我帮助他？"小俊把嘴噘得老高，一脸不高兴的样子。

可老师已经发话了，他只好一脸不情愿地走向了杰克。

这时的杰克，双手沾满了胶水，桌上的材料也一团糟，不知道从哪儿开始。

"你先在竹架上涂好胶水，再把画好的风筝纸粘在上面就可以了。"小俊说着，把竹架递给了杰克，并演示了一下。

在小俊的帮助下，杰克的风筝也做好了。

"杰克，快看，你的风筝是正方形的，还带着长长的尾巴呢！"
小俊指着他的风筝一边比划一边解释，杰克恍然大悟地点了点头。

"大家的风筝都做完了，我们现在就去外面放风筝吧。"

小朋友们带上亲手制作的风筝，兴奋地跑到了外面。

小俊的风筝迎着风飞得很高很高。

杰克的风筝却一直没有飞起来，总是掉到地上。

小俊忍不住走到杰克的面前，"我来帮你吧，你抓紧线轴。"说着，小俊把风筝线轴塞到杰克的手里，做出一个要用力奔跑的动作，杰克笑着点了点头。

杰克跑起来后，小俊瞅准时机，轻轻地放开了手上的风筝。

一阵风正好吹来，杰克的风筝乘着风一下子飞向了天空。

"哇！太棒了！"小俊忍不住大声喊道。

五颜六色的四边形风筝把天空装饰得五彩缤纷，漂亮极了。

彩虹学习小组
金小俊

30

冬令营很快就到了最后一天。

小俊和朋友们依依不舍地互相告别。

突然，杰克跑到小俊身边，小心翼翼地把一张四边形的明信片递给了他。

明信片的正面画着加拿大的国旗，背面的字是杰克写的。

小俊：
　　很抱歉在礼堂撞到了你，
谢谢你帮我做风筝。
我会想你的。

杰克

虽然杰克的字写得歪歪扭扭的，内容也很简短，但小俊还是感受到了他的真诚和温暖。

　　"杰克，我也为这段时间总是拿你开玩笑的事向你道歉。"

　　杰克笑眯眯地向小俊伸出了大拇指，小俊也开心地笑了。

"小俊，我们要回家了，你准备好了吗？"
小俊的爸爸来到了他们身后。

小俊的脸上绽放着大大的笑容，对爸爸说：
"爸爸，我来给你介绍我的好朋友。他是来自加
拿大的杰克！"

让我们跟小俊一起回顾一下前面的故事吧！

　　杰克送给我的四边形明信片是不是非常可爱？通过这次冬令营活动，我认识了不少来自世界各地的小朋友。和朋友们一起做自我介绍时，我也了解了藏在国旗中的正方形、梯形、菱形、长方形等多种四边形。并且，我还做成了长方形的风筝，帮杰克做了带有长长的尾巴的正方形风筝。这些四边形在我们周围都十分常见。

　　那么接下来，我们就深入了解下四边形吧。

数学面对面

数学概念	认识四边形	36
身边的数学	生活中的四边形	40
趣味小游戏 1	谁说得对	42
趣味小游戏 2	制作正方形	43
趣味小游戏 3	藏着什么呢	44
趣味小游戏 4	连一连	45
趣味小游戏 5	折出四边形	46
趣味小游戏 6	大闯关	47
	参考答案	48

认识四边形

由 4 条边和 4 个角组成的图形就叫四边形。我们来详细了解一下四边形吧。

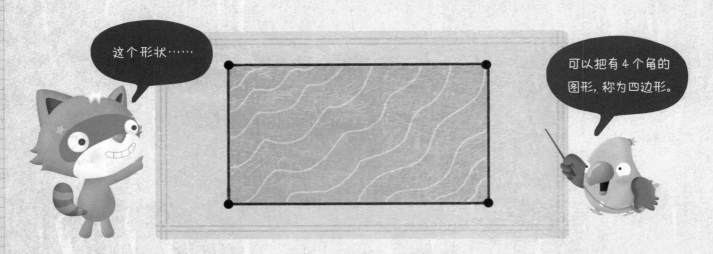

这个形状……

可以把有 4 个角的图形,称为四边形。

四边形由 4 条线段构成。因此,四边形有 4 条线段,4 个顶点,以及 4 个角。

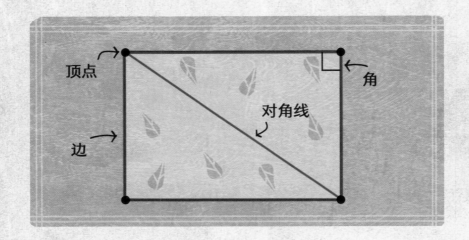

顶点

角

对角线

边

构成四边形的线段叫作边。从图中我们可以看到,四边形有 4 条边。同时,边与边相交的点叫作顶点,彼此不相邻的两个顶点之间的连线,称为对角线。

我们周围有很多四边形。仔细观察下图中的建筑和街道，找出其中隐藏的四边形吧。

四边形也像三角形那样有很多种类，不同种类的四边形其名称不同，特征也不同。

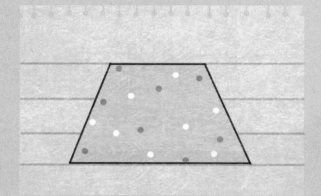

只有一组对边平行的四边形，叫作**梯形**。

梯形上下
不一样宽。

　　两组对边分别平行的四边形，被称为**平行四边形**。平行四边形的两组对边长度相等，两组对角的度数也相等。

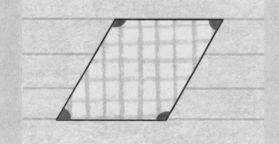

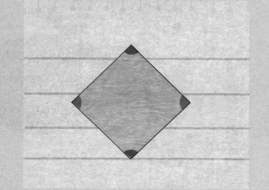

　　菱形就是 4 条边的长度都相等的四边形。同时，菱形两组对角的度数也都相等。

4 个角都是直角的四边形被称为**长方形**。长方形不仅两条对边的长度相等，两条对角线的长度也相等。

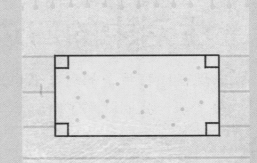

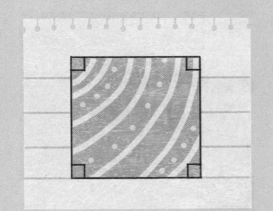

4 个角全都是直角，且 4 条边的长度都相等的四边形，被称为**正方形**。

四边形的种类可真多呀！

好奇心
一刻

所有菱形都是平行四边形吗？

所谓平行四边形，就是两组对边都平行的四边形。而菱形则是4条边的长度全都相等的四边形。但如果4条边的长度都相等，那么两组对边也只能平行。因此，所有菱形的两组对边都平行，即所有的菱形都是平行四边形。

身边的数学 生活中的四边形

大家现在捧在手中的这本书也是四边形的，可以说，四边形在我们周围随处可见。接下来，我们就来了解一下生活中的四边形吧。

美术

抽象画

抽象画并不追求将绘画对象原原本本地表现出来，而是利用点、线、面进行另类呈现的绘画形式。右图就是一幅抽象画作品，出自皮耶特·蒙特利安的《红黄蓝的构成》。这幅作品中，这些颜色和大小各异的形状都是由不同的四边形构成的。

▲ 皮耶特·蒙特利安《红黄蓝的构成》

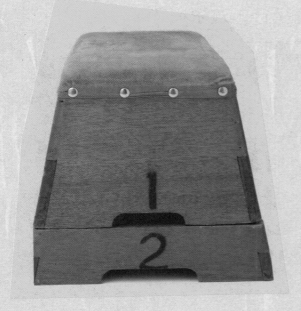

 ## 体育

跳马

古罗马时期的士兵以及中世纪时代的骑士进行骑马训练时，使用的是模仿马的形状制作的木马，跳马就起源于此。充当马的作用的跳箱是由底部宽阔、上部狭窄的多个木块垒成的，从正面或侧面看是一个梯形。运动员通过跳马可以做多种形式的跳高、翻滚、倒立等动作，如今，跳马是竞技体操的比赛项目之一。

拼布

在古代，布的价格昂贵，所以人们经常把剩下的布头收集起来缝制在一起，或者将用旧了的衣服裁剪成布块，拼接成为床单、毛毯等生活必需品。虽然是由剩下的布头制成的，但是人们在缝制时会将形状各异的布头进行有序排列，所以拼布有着不可复制的独特美感。不过如今，拼布已从废物利用转变为艺术创作，深受年轻人喜爱。

▲拼布包

风筝

中国的风筝已有两千多年的历史，发明于春秋时期。到南北朝时，风筝开始成为传递信息的工具；到了宋朝，放风筝成为了人们喜爱的户外活动。明清时期是中国风筝发展的鼎盛时期，风筝在大小、样式、扎制技术等方面都有了巨大飞跃。现在，每年三四月份春天来临，公园、郊外等地常常能看到许多放风筝的人。2006年，风筝制作技艺被列入国家级非物质文化遗产名录。

 # 趣味小游戏 1 谁说得对

冬令营的小朋友正在介绍四边形。根据小朋友们的发言，找出对四边形描述准确的小朋友并圈出来吧。

制作正方形 趣味小游戏2

试试用三角形拼成正方形吧。请把最下方的三角形沿着黑色实线剪下来，粘贴到对应的位置上，拼出两个正方形。

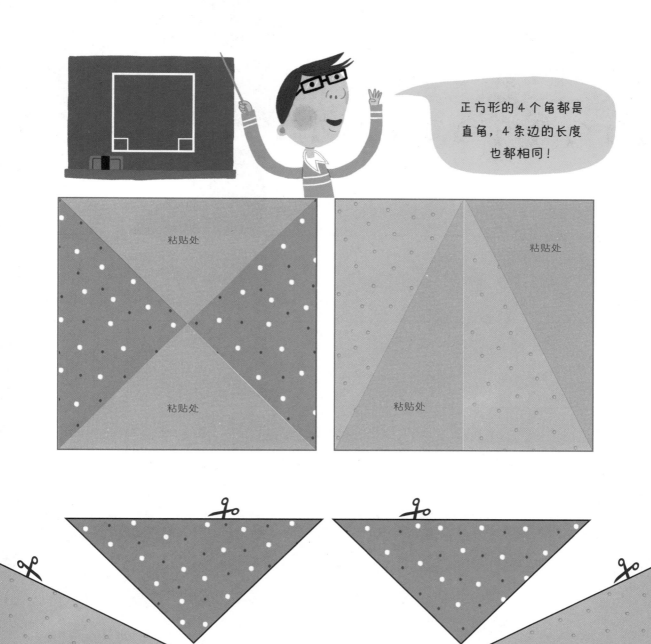

正方形的 4 个角都是直角，4 条边的长度也都相同！

粘贴处

粘贴处

粘贴处

粘贴处

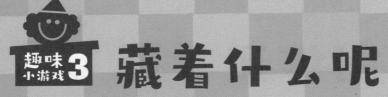

趣味小游戏 3 藏着什么呢

小俊用尺子画了各种各样的图形，其中隐藏着一幅画。请在小俊画的图形中，找出所有梯形并涂色，涂完后就能看到隐藏的图案了。

梯形就是只有一组对边平行的四边形！

连一连

小俊打算用平行四边形彩纸拼出不同的图案。请先仔细观察左侧的图案投影，再在右侧找出个数与之相符的彩纸，用线连起来。

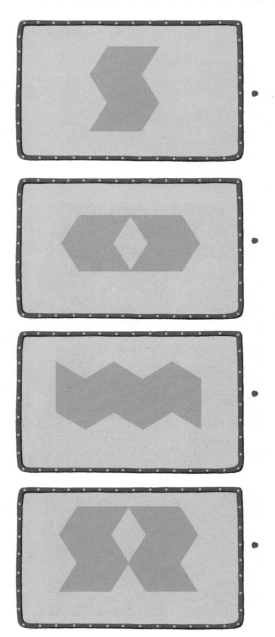

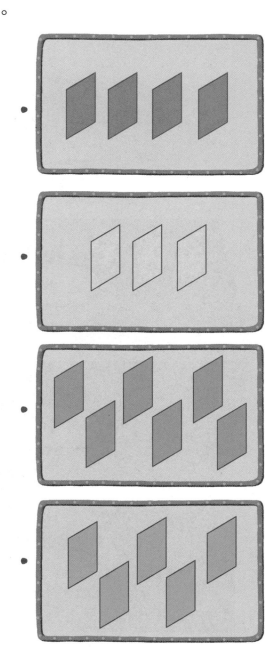

趣味小游戏5 折出四边形

四边形的种类非常多，请仔细阅读下图中的描述，并沿着图中的虚线折叠书页，就能折出文字描述的四边形了。

- – – – – – 山折线
- ·—·—·—·— 谷折线

菱形

4 条边的长度都相同。

梯形

只有一组对边互相平行。

平行四边形

两组对边分别互相平行。

长方形

4 个角全都是直角。

大闯关

阿狸和小粉正在玩大闯关游戏，游戏的答案是正方形。请根据正方形的特点将答案填写在后面的空格里，并在最下方的图中找出与答案相符的图形圈出来。

关卡	提问	回答
一	是图形吗？	没错，是图形。
二	有几条边？	
三	有几个角？	
四	四条边的长度都不同吗？	
五	各个角的大小都相同吗？	
答	是正方形。	是的，回答正确。

参考答案

42~43 页

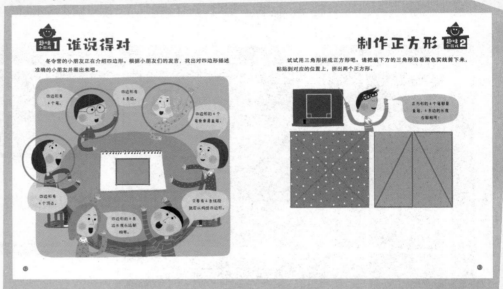

44~45 页

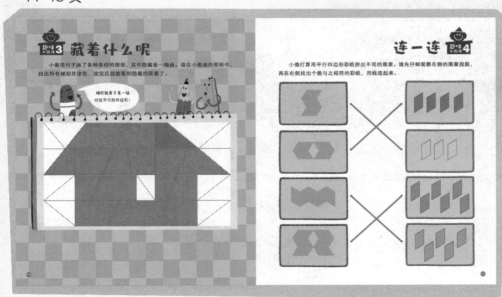

仔细辨认投影中包含几个平行四边形，也是一件有意思的事情呢！